MOLLUSQUES

RECUEILLIS AU SUD D'AMIENS

Par le R. P. E. VANIOT

DE LA COMPAGNIE DE JÉSUS.

(1876-1877)

(Extrait des Mémoires de la Société Linnéenne
du nord de la France.)

AMIENS

TYPOGRAPHIE DELATTRE-LENOEL.

32, Rue de la République, 32.

1881

MOLLUSQUES

RECUEILLIS AU SUD D'AMIENS

Par le R. P. E. VANIOT

DE LA COMPAGNIE DE JÉSUS.

(1876-1877)

(*Extrait* des Mémoires de la Société Linnéenne
du nord de la France.)

AMIENS

TYPOGRAPHIE DELATTRE-LENOEL,

32, Rue de la République, 32.

1881

MOLLUSQUES

Recueillis au Sud d'Amiens

Dans un rayon de 2 lieues

(76 Espèces).

Par le R. P. E. Vaniot S. J.

(1876-1877)

Ces Mollusques sont **terrestres et fluviatiles**.

PREMIÈRE PARTIE.

MOLLUSQUES TERRESTRES.

Tous sont des Gastéropodes pulmonés. Nous les diviserons en 3 sections :

Mollusques nus, ou sans coquille apparente ;

Mollusques à coquille sans opercule ;

Mollusques à coquille operculée.

SECTION 1. — Mollusques nus :

FAMILLE DES LIMACIENS.

Corps droit, allongé, non spiral ; 4 tentacules rétractiles ; une cuirasse couvrant la partie antérieure du corps ; coquille nulle ou rudimentaire, cachée le plus souvent sous la cuirasse ; orifice respiratoire au bord droit de la cuirasse dans les deux genres que nous connaissons autour d'Amiens.

Ce sont les genres Arion et Limace.

1

GENRE ARION.

Coquille nulle, remplacée par des granulations calcaires ; *orifice respiratoire* au bord droit de la cuirasse, *en avant du milieu*.

1° Arion rufus Linné.

(Arion empiricorum, Férussac. Arion des charlatans).

Animal long d'un décimètre et plus, large d'environ 15 millimètres, roux, unicolore. Peau ridée. Cuirasse renfermant des grains calcaires isolés, transparents, petits.

Jardins, prés, lieux humides. (Saint-Acheul, Longueau, Boves, etc.)

Avec le type, on trouve assez communément les 3 variétés suivantes :

1° *Ater*, animal d'un brun noir ;

2° *Draparnaudi*, animal d'un roux obscur, avec le bord rougeâtre ;

3° *Succineus*, jaune pâle unicolore, avec le bord du pied plus foncé.

2° Arion fuscus Müller.

(Arion hortensis Férussac. Arion des jardins.)

Animal long de 3 à 5 centimètres, large de 4 à 6 millimètres, gris plus ou moins foncé avec des bandes latérales noires. Pied jaunâtre ou blanchâtre ; cuirasse renfermant des grains calcaires assemblés grossièrement.

On trouve, avec le type, une variété noire à bandes latérales grises : var. *Niger*.

Jardins, champs, bois, sous les pierres, les débris de bois. (Saint-Acheul, Cagny, Longueau, Boves, etc.)

GENRE LIMACE.

Coquille rudimentaire, appelée *Limacelle*, placée sous la partie postérieure de la cuirasse. *Orifice respiratoire* au bord droit de la cuirasse, *en arrière du milieu.* La cuirasse est ornée de stries concentriques.

1° Limax agrestis Linné.

(Petite loche grise).

Corps cylindriforme, terminé en dos d'âne à la partie postérieure, rugueux, grisâtre avec des taches brunes irrégulières. Orifice pulmonaire petit, bordé de blanchâtre ; limacelle ovalaire, mince, très petite.

Mucus épais, laiteux, très caractéristique. Longueur : de 3 à 6 centimètres ; largeur : de 8 à 10 millimètres.

On trouve les variétés :

1° *Albidus*, animal blanc grisâtre, sans taches ;

2° *Lilacinus*, animal lilas, sans taches ;

3° *Sylvaticus*, variété plus grande, d'un violet grisâtre avec des taches irrégulières.

Très commune autour d'Amiens dans tous les lieux humides.

2° Limax maximus Linné.

(Limax cinereus Müller. Limace cendrée. Limax antiquorum Férussac).

Animal long de 12 à 15 centimètres, et quelquefois plus ; large de 1 à 2 centimètres ; cendré ; cuirasse tachetée de noir, dos rayé de la même couleur. Orifice pulmonaire très grand ; limacelle assez grande, épaisse.

La variété *maculatus* a sur le dos des taches noires au lieu de lignes continues.

Entre Saint-Acheul et Longueau, au pied des arbres sous le gazon. Assez commune.

3° Limax arborum Bouchard-Chantreaux.

(Limace des arbres).

Animal long de 6 à 10 centimètres, large de 10 à 15 millimètres, d'un gris bleuâtre. Cuirasse marquée d'une ligne noirâtre de chaque côté, assez transparente pour qu'on aperçoive la limacelle qui est blanche, fine, légèrement bombée ; dos marqué d'une ligne blanchâtre allant de la cuirasse à la queue. Mucus incolore, brillant, accompagné souvent d'un liquide abondant et très limpide.

Forêt de Boves, sur les arbres, quand il y a beaucoup d'humidité ; au pied, quand le temps est sec.

SECTION II. — Mollusques à coquille sans opercule :

LES COLIMACÉS ET LES AURICULACÉS

Ces deux familles sont représentées autour d'Amiens par les 9 genres suivants :

Vitrine, Ambrette, Zonite, Hélice, Bulime, Clausilie, Maillot, Vertigo. — Carychie.

GENRE VITRINE.

Animal pouvant à peine être contenu dans sa coquille ; ayant une demi-cuirasse avancée sur le cou, 4 tentacules, un orifice respiratoire situé à droite, en arrière, sur le bord de la demi-cuirasse. Coquille dextre, très mince.

N.-B. — Ce genre, ayant à la fois une demi-cuirasse et une petite coquille, fait la transition entre les limaces et les hélices.

Une seule espèce aux environs d'Amiens :

Vitrina pellucida Müller.

(La Transparente).

Animal blanchâtre ou rougeâtre, avec des yeux noirs.

Coquille globuleuse, transparente, fragile, luisante, d'un blanc verdâtre, légèrement striée ; 3 tours de spire, le dernier assez ample ; ouverture arrondie et très grande, à bord columellaire un peu réfléchi.

4 à 5 millimètres de diamètre.

Sous la mousse, dans les bois et les jardins (Saint-Acheul, Cagny).

GENRE AMBRETTE, (succinea).

Animal épais, pouvant à peine être contenu dans sa coquille ; 4 tentacules, (les inférieurs très petits) ; coquille dextre, ovale-oblongue, (en forme d'oubli), mince, ordinairement transparente, à spire souvent courte, à dernier tour très grand.

Une espèce aux environs d'Amiens :

Succinea putris Jeffrey.

(L'Ambrette amphibie).

Animal glutineux, grisâtre, marbré de noir en dessus. On voit, à travers la coquille, la veine pulmonaire et ses ramifications, sous forme d'un réseau à mailles serrées.

Coquille oblongue, translucide, fragile, d'un jaune brillant, à spire courte, à'ouverture oblique formant les deux tiers de la coquille ; péristome simple et tranchant.

Se trouve en grande quantité sur les joncs, les herbes, les feuilles mortes, au bord de l'Avre et autour des fossés qui communiquent avec cette rivière.

GENRE ZONITE, (ZONITES).

Ce genre renferme des Hélices dont la coquille est ordinairement déprimée, mince, luisante, transparente, à péristome simple et plus ou moins tranchant. Animal allongé, contenu tout entier dans sa coquille ; 4 tentacules ; pied ovale-allongé.

1° Zonites nitidus Müller.
(Zonite brillante).

Animal petit et grêle, couleur d'encre, à tentacules gros, courts et noirâtres.

Coquille déprimée, luisante, transparente, légèrement striée, cornée ou fauve ; spire de 4 à 5 tours ; péristome simple, un peu évasé du côté de l'ombilic ; celui-ci très ouvert.

4 à 6 millimètres de diamètre.

Se trouve en assez grande quantité entre La Neuville et Longueau, sur les débris végétaux humides, autour des trous à tourbe.

2° Zonites cellarius Müller.
(Zonite des caves. — La Luisante).

Animal long de 15 à 20 millimètres, large de 2, linéaire,

ardoisé foncé en dessus, plus clair en dessous. Tentacules supérieurs gros, longs de 2 à 3 millimètres ; les inférieurs très petits.

Coquille assez déprimée, roussâtre en dessus, blanchâtre en dessous, luisante, transparente ; ombilic médiocre, péristome simple ; spire de 5 à 6 tours.

Diamètre de 10 à 15 millimètres.

Habite les lieux humides, les caves, les celliers ; se trouve encore au pied des murs, sous la mousse et les pierres.

(Saint-Acheul, Cagny).

3° Zonites lucidus Draparnaud.

(Zonite lucide).

Animal très voisin du précédent, s'en distinguant par sa couleur moins foncée, par ses tentacules supérieurs effilés, atteignant une longueur de 8 à 9 millimètres ; les tentacules inférieurs sont aussi plus longs et ont près de 2 millimètres de longueur.

La coquille ressemble à celle du *Zonites cellarius ;* le dernier tour est cependant un peu plus élargi.

Se trouve dans les jardins, les bois, sous les pierres, sous la mousse humide et les débris de bois. Assez commun.

(Saint-Acheul, Cagny, Boves).

4° Zonites nitens Gmelin.

(Zonite luisante).

Animal beaucoup plus clair sur le dos que les précédents ; atteignant de 12 à 15 millimètres de longueur ; tentacules supérieurs clairs et transparents, longs de 5 à 6 millimètres.

Coquille très déprimée, moins rousse que les précédentes ; 4 à 5 tours de spire, ombilic médiocre.

Se rencontre à Boves, soit aux ruines, soit à la forêt.

GENRE HÉLICE.

Animal allongé, pouvant se renfermer tout entier dans sa coquille ; 4 tentacules. Coquille dextre, globuleuse ou aplatie.

Nous avons trouvé les 13 espèces suivantes :

§ I. — ESPÈCES A COQUILLE GLOBULEUSE.

1° Hélix pomatia Linné.

(Hélice vigneronne ; le Vigneron ; Escargot).

C'est la plus grosse hélice de notre région. Animal long de 6 à 8 centimètres, large de 2 environ, d'un gris jaunâtre plus ou moins foncé. Tentacules supérieurs longs de 2 centimètres, les inférieurs longs de 5 millimètres.

Coquille globuleuse-ventrue, épaisse, solide, glabre, opaque, jaunâtre avec 2 ou 3 bandes brunes peu distinctes. Spire de 5 à 6 tours ; péristome épais, évasé, blanc roussâtre intérieurement. Épiphragme crétacé, blanc, épais.

Hauteur : 3 à 4 centimètres ; diamètre entre 4 et 5.

Se trouve dans les jardins, les bois, les vignes. — Edule.

On en rencontre de beaux échantillons à la forêt de Boves, à Cagny.

2° Helix aspersa Müller.

(Hélice chagrinée ; — le Jardinier).

Animal long de 5 centimètres, large de 15 millimètres,

d'un brun très sombre en dessus, plus clair en dessous. Tentacules supérieurs longs de 15 millimètres, les inférieurs de 5.

Coquille conoïde-globuleuse, haute de 30 à 40 millimètres, large de 25 à 40 ; mince, solide, chagrinée, un peu luisante, jaunâtre avec des bandes et des taches en zigzags plus foncées ; 4 à 5 tours de spire ; ouverture transversalement ovale ; péristome réfléchi, épais, blanc intérieurement. Epiphragme grisâtre, mince, papyracé.

Espèce édule, très commune au pied des arbres et des murs, dans le gazon.

(Saint-Acheul, Longueau, Cagny, Boves, etc.).

3º Helix nemoralis Linné.

(Hélice némorale. — La Livrée).

Animal d'un brun noirâtre, large de 7 millimètres, long de 40 à 45 ; tentacules supérieurs longs de 15 millimètres, les inférieurs de 4 ; yeux saillants, noirs.

Coquille globuleuse, solide, glabre, jaune avec 5 bandes étroites noires, dont 3 continuées en dessus. Spire composée de 5 à 6 tours ; ouverture oblique, présentant une tache brune assez grande ; péristome légèrement réfléchi, ordinairement noir, quelquefois rose ou roussâtre. Epiphragme crétacé, assez épais.

Hauteur : 12 à 25 millimètres ; largeur 15 à 30.

Cette espèce, très commune dans les jardins et les bois, présente de nombreuses variétés.

Nous avons recueilli les suivantes :

1º Le type, que nous avons décrit plus haut, jaune, avec 5 bandes noires : 123/45. (V. *Quinquefasciata*).

2º *Brissonia*, coquille fauve avec 5 bandes noires : 123/45.

3° *Libellula,* coquille jaune, sans bandes.

4° *Rubella,* coquille rose tendre, sans bandes.

5° *Studeria,* coquille lilas, sans bandes.

6° *Favannea,* coquille jaune, à 4 bandes : 120/45.

7° *Listeria,* jaune, à 3 bandes : 003/45.

8° *Bruguieria,* jaune, à 2 bandes : 003/05.

9° *Cuvieria,* jaune, à 1 bande : 003/00.

10° *Dillwynia,* jaune, à 1 bande : 000/05.

11° *Biguetia,* jaune, à 2 bandes inférieures : 000/45.

12° *Costasia,* fauve, à 2 bandes inférieures soudées : 000/45.

Il serait facile de multiplier ces variétés, et de créer des sous-variétés, d'après l'épaisseur plus ou moins grande des bandes.

4° **Helix hortensis Müller.**

(Hélice jardinière).

Espèce très voisine de la précédente, souvent plus petite, ayant le péristome blanc, et manquant de la tache brune qui se rencontre à l'ouverture de l'hélice némorale.

Les variétés sont aussi nombreuses que dans l'espèce précédente. Nous nous contenterons de signaler :

1° *Quinquevittata,* jaune avec 5 bandes noires : 123/45 ; c'est le type.

2° *Aleronia,* fauve, avec 5 bandes : 123/45.

3° *Lutea,* jaune brillant, sans bandes.

4° *Incarnata,* rose vif, sans bandes.

Le type et les variétés (surtout la *Lutea*) se rencontrent à Cagny, et sur le chemin qui conduit du village de Boves à la forêt du même nom.

5° **Helix limbata Draparnaud.**
(Hélice marginée).

N.-B. — Le type de cette espèce nous manque ; mais nous avons la variété *Sarratina*.

Animal gris foncé, quelquefois noir ; long de 20 à 25 millimètres, large de 4 ; tentacules effilés. les supérieurs longs de 8 millimètres.

Coquille subdéprimée-globuleuse, mince, glabre, solide, assez luisante, rose ou fauve rougeâtre avec une zône blanche distincte sur le milieu du dernier tour. Spire composée de 5 à 6 tours ; ombilic petit ; péristome réfléchi à bourrelet blanchâtre, quelquefois rose. Diamètre : 12 à 15 millimètres ; hauteur : 10 à 14.

Assez commune à la forêt de Boves.

6° **Helix unifasciata Poirrez.**
(Hélice unifasciée. — Helix candidula Studer).

Animal roussâtre, large de 1 millimètre, long de 7 à 8 ; tentacules supérieurs longs de 3 millimètres.

Coquille subglobuleuse, assez déprimée ; épaisse, glabre, blanche, avec une bande brune continuée en dessus ; large de 6 à 8 millimètres, haute de 4 à 6 ; spire composée de 5 à 6 tours ; ombilic médiocre ; péristome présentant un bourrelet intérieur blanc.

Avec le type, nous avons trouvé, dans les environs de la butte de Boves, les variétés suivantes :

Alba, coquille blanche, sans bande.

Interrupta, coquille à bande supérieure interrompue, réduite à des points.

Hypogramma, coquille blanche en dessus, avec plusieurs lignes roussâtres en dessous.

7° Helix fruticum, Müller.

(Var. *Rufula*. — Hélice trompeuse).

Animal long de 30 millimètres, large de 5 ou 6, d'un gris jaunâtre, assez transparent. Tentacules bruns, les supérieurs longs de 9 à 10 millimètres, les inférieurs longs de 2 à 3.

Coquille globuleuse, convexe en dessus, bombée en dessous, finement striée, couleur de chair sans bandes ni taches, assez transparente. Spire de 5 à 6 tours assez convexes, le dernier assez grand, sans carène. Ombilic médiocre, très profond. Ouverture ronde, échancrée par l'avant-dernier tour. Péristome interrompu, évasé, bordé de rose intérieurement, à bord columellaire arqué, réfléchi vers l'ombilic. Hauteur, 15 millimètres ; diamètre, 18.

Sur les arbres qui bordent la rive droite de l'Avre, entre Cagny et Boves. Assez rare.

N.-B. — Nous n'avons pas rencontré le type de cette espèce, dont la coquille est d'un blanc laiteux un peu jaunâtre.

§ II. — ESPÈCES A COQUILLE DÉPRIMÉE.

8° Helix fasciolata Poirrez.

(Hélice striée. — Helix striata Draparnaud).

Animal jaunâtre, largement bordé de noir ; long de 8 millimètres, large de 2 ; tentacules supérieurs longs de 3 millimètres.

Coquille un peu déprimée, à stries sensibles ; solide, épaisse, glabre, opaque, d'un blanc roussâtre avec quelques bandes brunes, dont une plus ou moins déchirée se continue en dessus ; spire de 5 tours ; ouverture oblique ; péristome garni d'un bourrelet intérieur blanc ou roussâtre. Diamètre : 6 à 10 millimètres ; hauteur, 4 à 7.

Vit sur les herbes, dans les jardins, les champs, au bord des chemins.

(Saint-Acheul, Longueau, Cagny, Boves, etc.).

9° Helix ericetorum Müller.

(Hélice ruban. — Le grand Ruban ; le Ruban des bruyères).

Animal d'un brun jaunâtre assez clair, large de 4 millimètres, long de 2 centimètres. Tentacules supérieurs longs de 5 millimètres.

Coquille déprimée, presque plate en dessus, striée, solide, glabre, blanche, avec une bande brune ; 6 à 7 tours de spire ; ombilic très ouvert ; péristome ayant un bourrelet intérieur, blanc ou roussâtre. Hauteur, 4 à 6 millimètres ; diamètre, 10 à 15.

On trouve, en même temps que le type :

1° La variété *minor*, coquille beaucoup plus petite.

2° La variété *lutescens*, coquille jaunâtre, sans bande.

Très commune dans les endroits secs, le long des chemins, sur les bords des champs. (Cagny, Longeau, Boves, etc.).

10° Hélix carthusiana Müller.

(Hélice chartreuse. — H. Carthusianella Drap.).

Animal long de 2 centimètres, large de 3 à 4 millimètres, jaune roussâtre ; tentacules supérieurs longs de 5 à 6 millimètres.

Coquille déprimée, mince, luisante, glabre, d'un corné

laiteux, unicolore, avec un bourrelet fauve autour du péristome. Ombilic petit ; spire de 6 à 7 tours. Hauteur, 6 à 8 millimètres ; largeur, 11 à 15.

Vit sur les chardons, les arbustes, dans les champs et les prairies. (Cagny, route de Boves, etc.).

11° Hélix hispida Linné.

(Hélice hispide. — La Veloutée).

Animal variant du gris au noir, long de 1 centimètre, large de 2 à 3 millimètres ; tentacules gros, cylindriques, les supérieurs longs de 4 millimètres.

Coquille déprimée, brune, offrant quelquefois une zône blanchâtre au dernier tour ; couverte de poils recourbés et raides ; spire de 5 à 6 tours ; ombilic médiocre ; péristome offrant un bourrelet intérieur blanchâtre ou roussâtre. Hauteur, 4 à 5 millimètres ; diamètre, 6 à 10.

N.-B. — Cette espèce change beaucoup avec l'âge. Dans la jeunesse, la coquille est très plate et très hispide ; puis, peu à peu les poils tombent, la coquille devient subglobuleuse et sensiblement striée.

Vit dans les jardins et les bois, sous le lierre, au pied des arbres. (Saint-Acheul, Cagny, Longueau, Boves). Très commune.

12° Helix rotundata Müller.

(Le Bouton).

Animal petit, long de 6 à 7 millimètres, large à !peine de 1, gris ardoisé bleuâtre ; tentacules supérieurs longs de 2 millimètres.

Coquille très déprimée, à petites côtes longitudinales saillantes ; mince, solide, glabre, brunâtre avec des taches longitudinales plus ou moins ferrugineuses. Spire composée de 6 à 7 tours, le dernier un peu caréné ; ombilic très large ; péristome mince, sans bourrelet. Hauteur, 2 à 3 millimètres ; diamètre, 5 à 8.

Vit et a été trouvée dans les même lieux que la précédente, et elle paraît encore plus commune que l'hélice hispide.

13° Helix pulchella Draparnaud.

(Hélice mignonne).

Animal très petit, légèrement jaunâtre ; tentacules blancs, transparents, très courts,

Coquille assez aplatie, remarquable par ses côtes longitudinales fines, obliques, égales ; mince, glabre, mate, grisâtre ou d'un gris légèrement roussâtre, unicolore. Spire de 4 à 5 tours ; ombilic très large ; péristome très réfléchi, épais, blanc. Diamètre, 2 à 3 millimètres ; hauteur, 1 millimètre ou un peu plus.

Cette espèce se partage entre les 2 variétés suivantes :

1° *Costata*. C'est elle que nous avons décrite ci-dessus.

2° *Lævigata*. Coquille blanchâtre et lisse.

Vit sous les pierres et les feuilles, dans les lieux frais et humides. (Saint-Acheul, Longueau, Cagny, Boves, etc.). Commune.

14° Helix obvoluta Müller.

(Hélice planorbe. — Le Planorbe terrestre ; la Veloutée
à bouche triangulaire.

Animal long de 25 millimètres, large de 3, d'un brun clair en dessus, un peu foncé en dessous ; tentacules allongés, grêles, les supérieurs longs de 8 millimètres, les inférieurs de 2.

Coquille plane en dessus, à stries fines, d'un fauve rougeâtre unicolore, hérissé de poils raides ; 6 ou 7 tours de spire ; ombilic assez ouvert ; péristome réfléchi, avec un bourrelet interne violacé ou blanchâtre et une sinuosité calleuse assez sensible. Diamètre, 10 à 15 millimètres ; hauteur, 5 à 7.

Se trouve dans la forêt de Boves, sous les feuilles mortes. Assez commune.

GENRE BULIME.

Animal allongé, pouvant être contenu tout entier dans sa coquille ; 4 tentacules.

Coquille dextre, ovoïde-oblongue.

1° Bulimus obscurus Müller.

(Bulime obscur. — Le Grain d'Orge).

Animal brunâtre en dessus, plus clair en dessous, long d'environ 6 millimètres, large de 2 ; tentacules supérieurs longs de 25 millimètres.

Coquille ovoïde-oblongue, assez ventrue, presque lisse, mince, glabre, peu luisante, d'un roux foncé unicolore ; 6 à 7 tours de spire ; ouverture un peu oblique ; ombilic très étroit ; péristome réfléchi, épais, blanchâtre. Hauteur, 1 centimètre à peu près ; diamètre, 3 à 4 millimètres.

Vit dans les lieux frais, les jardins, les bois, sur les arbres, les vieux murs. (Saint-Acheul, Cagny, Longueau, Boves, etc.). Très commun.

2° Bulimus subcylindricus Linné.

(Bulimus lubricus Bruguière. — Bulime brillant.)

Animal long de 4 millimètres, large de 0^{mm} 75, noir ou

gris ardoisé. Tentacules noirâtres, les supérieurs longs
de 1ᵐᵐ 5.

Coquille étroite, ovoïde, mince, glabre, luisante, transparente, d'un corné fauve, unicolore, haute de 5 à 7 millimètres, large de 2 à 3 ; spire composée de 5 à 6 tours, le
dernier formant au moins la moitié de la hauteur ;
ombilic nul ; ouverture piriforme-ovale ; péristome à
bourrelet intérieur couleur de chair, à bord columellaire
très peu échancré à la base.

Avec le type, se rencontre la variété *fusiformis* à coquille
plus étroite, plus cylindrique.

Vit sous la mousse et les feuilles mortes, sous les
pierres, dans les lieux humides. (Saint-Acheul, Cagny,
Boves, etc.). Bien plus rare que le précédent.

3° Bulimus acicula Müller.

(Achatina acicula, Lamarck. — L'Aiguillette).

Animal grêle, blanchâtre et transparent ; tentacules
très petits, non renflés au sommet.

Coquille fusiforme cylindrique, large de 1 millimètre à
1 1/2, haute de 4 à 6 ; étroite, lisse, glabre, fragile, très
brillante, hyaline, unicolore ; spire formée de 5 à 6 tours,
le dernier formant la moitié de la hauteur ; péristome
mince, à bord columellaire obliquement échancré.

Après la mort de l'animal, la coquille prend une teinte
laiteuse.

Vit au pied des arbres, dans la mousse et l'humus. Assez
commun dans les alluvions.

Nous avons trouvé un échantillon vivant à Cagny, sous
des pierres, et plusieurs échantillons morts à Saint-
Acheul, à Boves. Assez rare.

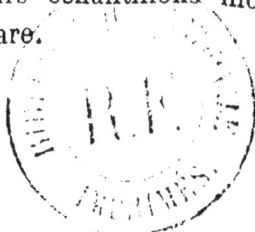

2

4° Bulimus tridens Müller.

(Bulime tridenté).

Animal d'un brun roussâtre plus ou moins sale ; tentacules gros, d'un brun roussâtre, les supérieurs médiocrement longs.

Coquille haute de 10 à 12 millimètres, large de 3 à 4, épaisse, solide, glabre, d'un corné roux, unicolore ; spire de 7 à 8 tours, le dernier grand ; ouverture droite, tridentée : 1 dent supérieure, 1 au bord columellaire, 1 sur le péristome qui est évasé, épais, roussâtre intérieurement.

Trouvé entre Saint-Acheul et Cagny, dans les alluvions des trous à tourbe. Rare.

GENRE CLAUSILIE.

Animal pouvant rentrer tout entier dans sa coquille ; 4 tentacules.

Coquille sénestre, fusiforme, à spire allongée ; ouverture petite, ovale piriforme, avec un sinus à la partie supérieure, (*gouttière*), et des plis et lamelles. Une petite plaque calcaire, pédiculée et mobile, (*clausilium*), se trouve à l'intérieur de la coquille, à la base de la columelle.

1° Clausilia laminata Turton.

(Clausilie lisse. — Pupa bidens, Draparnaud).

Animal d'un brun grisâtre en dessus, d'un gris sale en dessous ; long de 8 millimètres, large de $1^{mm}5$; tentacules gros et courts, les supérieurs longs de $2^{mm}5$.

Coquille fusiforme, un peu ventrue, à stries presque

effacées, haute de 16 à 18 millimètres, large de 3 à 4; d'un fauve rougeâtre, unicolore, assez solide, luisante presque transparente. Spire formée de 10 à 12 tours ; ombilic très étroit ; ouverture ovale ; gouttière aussi haute que large ; lamelle supérieure saillante, presque droite ; lamelle inférieure un peu écartée de la supérieure, émergée, flexueuse, non bifide. Péristome évasé, réfléchi, blanchâtre.

Très commune sous les feuilles mortes et sur les arbres de la forêt de Boves, à Cagny, etc.

2° Clausilia nigricans Pfeiffer.

(Clausilia douteuse. — Clausilia dubia Drap. ; Clausilia rugosa des auteurs).

Animal long de 5 à 6 millimètres, large de $1^{mm}5$; brun assez foncé en dessus, grisâtre en dessous ; tentacules supérieurs longs de $2^{mm}5$.

Coquille fusiforme, à stries longitudinales assez marquées, serrées, flexueuses; spire composée de 10 à 12 tours ; ombilic peu fendu ; ouverture piriforme, gouttière aussi haute que large ; lamelle supérieure assez saillante, lamelle inférieure émergée, bifide en dedans et en dehors. Péristome réfléchi, blanchâtre. Hauteur variable, de 12 à 17 millimètres ; largeur de $2^{mm}1/2$ à 4. La couleur varie du brun obscur au brun clair, et on remarque quelquefois de petites linéoles blanchâtres partant des sutures.

Très commune à Saint-Acheul, à Cagny, à Boves, partout où il y a des rideaux d'arbres, des bois, des broussailles.

3° Clausilia Rolphii Gray.

(Clausilie de Rolph).

Animal long de 8 à 9 millimètres, d'un gris presque

noir en dessus, moins foncé sur les côtés et inférieurement ; tentacules courts et gros.

Coquille fusiforme, ventrue, à stries longitudinales marquées nettement, égales, un peu flexueuses ; d'un corné brunâtre ; haute de 13 à 14 millimètres, large de 3 à 4 ; ouverture arrondie, gouttière aussi haute que large ; lamelle supérieure très saillante, lamelle inférieure très immergée, bifide surtout en dedans ; 2 ou 3 plis entre les deux lamelles ; péristome blanchâtre, réfléchi, évasé.

Forêt de Boves. Assez rare.

4° Clausilia parvula Studer.

(Clausilie naine. — Clausilia rugosa, var. c Drap.).

Animal d'un gris ardoisé, long de 4 millimètres, large de 1/2 à 1 millimètre ; tentacules supérieurs de 1 millimètre.

Coquille assez petite, haute d'environ 10 millimètres, large de 2 ou 3, très légèrement striée, presque lisse, ou au moins en certains endroits ; spire de 9 à 10 tours ; ombilic assez ouvert ; ouverture ovale-arrondie ; gouttière arrondie, aussi haute que large ; lamelle supérieure saillante, presque droite, lamelle inférieure bifide en dedans, calleuse en dehors ; plis interlamellaires 1 ou 2, très peu marqués ; péristome réfléchi, assez épais, blanchâtre.

Cette espèce, si elle mérite ce nom, paraît peu distincte de la *Clausilia nigricans* ; celle-ci offre en effet des échantillons de très petite taille.

Entre Cagny et Boves. Assez commune.

GENRE MAILLOT (PUPA).

Animal grêle, pouvant être contenu tout entier dans sa coquille ; 4 tentacules.

Coquille dextre, rarement sénestre, cylindrique, quelquefois ventrue ; ouverture petite, ordinairement dentée ou plissée.

1° **Pupa perversa L.**

(Maillot perverse. — Balea fragilis, Prideaux).

Animal d'un brun noirâtre, long de 4 millimètres, large de 1 ; tentacules supérieurs longs de 1 millimètre.

Coquille sénestre, fusiforme-turriculée, à rides longitudinales fines, un peu flexueuses ; couleur de corne claire, unicolore. Spire de 7 à 9 tours ; ombilic oblique, étroit ; ouverture ovale ; péristome mince, tranchant, sans bourrelet. Hauteur, 7 à 10 millimètres ; largeur, 1 à 3.

Vit dans les fentes des rochers, dans les crevasses des arbres, sous la mousse. (Saint-Acheul, Cagny).

2° **Pupa doliolum Draparnaud.**

(Maillot barillet. — Le grand Barillet).

Animal d'un brun grisâtre, petit ; tentacules supérieurs gros et courts.

Coquille dextre, subcylindrique, atténuée inférieurement, à rides longitudinales un peu lamelliformes, d'un corné pâle, solide, peu luisante, haute de 5 à 6 millimètres, large de 2 à 2 1|2. Spire composé de 7 à 10 tours ; ouverture arrondie ; 1 pli supérieur vers le milieu de l'avant-dernier tour ; 2 plis columellaires enfoncés ; péristome évasé, réfléchi, un peu tranchant, blanchâtre.

(Forêt et butte de Boves ; Cagny). Assez commun.

3° **Pupa muscorum Linné.**

(Maillot mousseron. — Le petit Barillet).

Animal long de 2 millimètres, très étroit, d'un noir

presque opaque ; tentacules gros, les supérieurs longs de 1 millimètre.

Coquille dextre, ovoïde-cylindrique, haute de 3 à 4 millimètres, large de 1 ou 1 1/2 ; d'un corné fauve, unicolore ; spire de 6 à 8 tours ; 1 pli supérieur dentiforme ; péristome garni d'un gros bourrelet blanc, extérieur, caractéristique.

Très commun aux environs d'Amiens, sous tous les débris accumulés dans les lieux humides, sur les bords des chemins. (Saint-Acheul, Cagny, Longueau, Boves, etc.).

4° Pupa secale Draparnaud.

(Maillot seigle).

Animal petit, noirâtre ; tentacules supérieurs longs de 1 millimètre ou un peu plus, les inférieurs très petits, écartés.

Coquille ovoïde-oblongue, haute de 7 à 9 millimètres, large de 2 à 3, assez épaisse, d'un corné fauve, unicolore, à stries longitudinales sensibles, assez rapprochées. Spire de 9 à 10 tours, le dernier plus grand que le précédent, à bord extérieur saillant. Ombilic oblique ; ouverture arrondie présentant 2 plis supérieurs, 2 plis columellaires, 4 plis palataux rapprochés du péristome, et dont le supérieur, très immergé, se voit par transparence sur le côté droit du dernier tour. Péristome interrompu, évasé, blanchâtre, sans bourrelet extérieur.

Nous n'avons pas rencontré cette intéressante espèce dans la zône ordinaire de nos recherches ; c'est au camp romain de l'Etoile que nous l'avons trouvée, principalement sur les troncs d'arbre. Elle ne paraît pas rare.

GENRE VERTIGO.

Les Vertigos, dit Moquin-Tandon, sont des *Maillots* en miniature.

Animal pouvant se renfermer tout entier dans sa coquille ; 2 tentacules seulement.

Coquille dextre dans certaines espèces, sénestre dans d'autres ; ouverture médiocre, dentée ou non dentée ; péristome très mince.

1º Vertigo pygmæa Draparnaud.

(Vertigo pygmée).

Animal d'un gris noirâtre.

Coquille dextre, ovoïde, assez ventrue, haute de 1 milli-mètre à 1 millimètre 1/2, large d'un 1/2 millimètre ou un peu plus ; d'un brun fauve quelquefois pâle, unicolore. Spire de 5 à 6 tours ; ouverture ovale avec 4 ou 5 dents : 1 dent supérieure, 1 sur le bord columellaire, 2 ou 3 sur le péristome ; péristome réfléchi, assez épais, avec un bourrelet extérieur.

Sous les pierres et les morceaux de bois, près des trous à tourbe situés entre Saint-Acheul et Cagny. Assez commun.

2º Vertigo antivertigo Draparnaud.

(Vertigo antivertigo).

Animal d'un noir foncé.

Coquille *dextre*, ovoïde, ventrue, haute de 1 millimètre 1/2, large de 1, brillante, d'un fauve jaunâtre, unicolore. Spire composée de 5 tours ; ouverture ovale, un peu rétrécie ; 2 plis supérieurs, 2 columellaires, 3 inférieurs dont 2 arrivent jusqu'au péristome ; péristome peu réfléchi, avec un bourrelet extérieur fauve.

Trouvé avec le précédent ; assez commun.

3° **Vertigo pusilla Müller.**

(Vertigo très petit).

Animal noirâtre.

Coquille *sénestre*, ovoïde, ventrue, plus petite que les précédentes ; hauteur 1 millimètre à 1 millimètre 1/2, diamètre 1/2 à 3/4 ; d'un fauve jaunâtre, unicolore. Spire de 5 à 6 tours ; ouverture un peu cordiforme, subovale, avec 7 plis : 2 supérieurs, 3 columellaires, 2 inférieurs arrivant jusqu'au péristome ; péristome réfléchi, avec un bourrelet extérieur blanchâtre.

Trouvé avec les deux précédents ; paraît plus rare.

GENRE CARYCHIE. (FAMILLE DES AURICULACÉS).

Animal très petit, pouvant être contenu tout entier dans sa coquille ; 2 tentacules médiocres, les inférieurs représentés par de très petits mamelons.

Coquille dextre, à dernier tour très grand, à ouverture plissée ou dentée.

Carychium minimum Müller.

(Carychie naine).

Animal très petit, transparent, blanchâtre. Tentacules longs de 0 millimètre 2.

Coquille ovoïde, ventrue, courte, mince, luisante, transparente, prenant une teinte laiteuse après la mort de l'animal ; spire de 4 à 5 tours, le dernier très grand ; ouverture ovale présentant 3 plis : 1 sur le péristome,

1 à la base du bord columellaire, 1 supérieur, rapproché
du bord columellaire ; péristome réfléchi, épais, blanc.
Hauteur, 1 millimètre 5 ; largeur, 0 millimètre 75.

Trouvé entre Saint-Acheul et Cagny, sur les bois
pourris qui se trouvent près des marais. Peu rare.

SECTION III. — Mollusques à coquille operculée.

FAMILLE DES ORBACÉS.

GENRE CYCLOSTOME.

Animal pouvant se renfermer tout entier dans sa coquille ; 2 tentacules offrant les yeux à leur base externe ;
mufle proboscidiforme.

Coquille dextre, ovale, épaisse ; péristome continu ;
opercule non articulé avec la columelle, épais, calcaire,
cochléiforme.

Cyclostome elegans Draparnaud.

(Cyclostome élégant. — L'élégante striée).

Animal d'un brun grisâtre, très épais, long de 15 millimètres, large de 5 ; tentacules très écartés à la base,
longs de 2 millimètres 5 ; yeux placés à la base et un peu
en arrière des tentacules ; trompe longue de 4 millimètres,
large de 1 millimètre 5.

Coquille ovoïde, ventrue, à rides spirales fortes, coupant
à angle droit d'autres stries longitudinales beaucoup plus
fines ; épaisse, très solide, opaque, d'un violacé grisâtre
avec des taches brunes, d'un violet foncé au sommet.

Spire composée de 5 tours, et à sutures profondes. Ouverture arrondie; péristome continu; opercule calcaire, épais.

La Var. *fasciatus* présente deux bandes violettes interrompues.

Hauteur, 12 à 18 millimètres ; largeur, 10 à 12.

Le type et la variété sont très communs à Boves, à Cagny.

DEUXIÈME PARTIE.

MOLLUSQUES FLUVIATILES.

Ici encore nous ferons trois sections bien tranchées :

1° Les Gastéropodes inoperculés (Pulmobranches).
2° Les Gastéropodes operculés (Branchifères).
3° Les Acéphalés, ou Bivalves (Lamellibranches).

SECTION I. — Les Gastéropodes inoperculés.

FAMILLE DES LIMNÉENS.

Quatre genres : PLANORBE, PHYSE, LIMNÉE, ANCYLE.

GENRE PLANORBE.

Animal allongé, pouvant rentrer tout entier dans sa coquille, à tortillon enroulé sur le même plan. 2 tentacules sétacés, longs, offrant les yeux à leur base interne.

Coquille dextre, discoïde, à spire non saillante ; pas de

columelle ; ouverture oblique, semi-lunaire, arrondie ou cordiforme ; péristome mince et tranchant.

N.-B. — Les planorbes sont certainement dextres, car le dessus de la coquille est annoncé toujours *par le bord le plus avancé de l'ouverture* ; on s'en convaincra facilement en regardant un planorbe ramper sur les parois d'un vase.

§ I. — PLANORBES A COQUILLE NON CARÉNÉE.

1° **Planorbis corneus Linné.**

(Planorbe corné. — Le Cor de S.-Hubert ; le Cornet ;
la corne d'Ammon aquatique).

Animal long de 15 millimètres, large de 5, d'un noir luisant en dessus, moins foncé en dessous. Tentacules longs de 5 millimètres, filiformes, d'un brun sale ; queue longue de 7 millimètres environ.

Coquille large de 25 à 30 millimètres, haute de 10 à 15, profondément ombiliquée en dessus, presque plate en dessous ; à rides longitudinales et spirales sensibles, se coupant à angle droit ; solide, glabre, opaque, d'un corné brun olivâtre en dessus, quelquefois blanchâtre en dessous. spire composée de 5 à 6 tours, le dernier grand, non caréné ; ouverture en forme de croissant un peu large ; péristome mince, sans bourrelet.

Dans tous les fossés autour d'Amiens. (Saint-Acheul, Cagny, Longueau, Boves, etc.).

Nota. — Les jeunes individus sont couverts d'un léger duvet.

2° **Planorbis albus Müller.**

(Planorbe blanc. — Planorbis hispidus, Draparn. —
Le planorbe velouté).

Animal long de 2 millimètres 5 ; large 0 millimètres 75 ;

d'un brun sale rougeâtre ; tentacules grêles, longs de 2 millimètres, d'un jaune rougeâtre.

Coquille plate en dessus, ombiliquée en dessous, d'un corné blanchâtre ou verdâtre, légèrement hispide ; à rides spirales coupant à angle droit des rides longitudinales fines et serrées ; spire formé de 3 ou 4 tours, le dernier grand et dilaté vers l'ouverture ; sutures assez marquées ; péristome mince, sans bourrelet, à bord supérieur assez avancé. Diamètre, 4 à 7 millimètres ; hauteur, 1 à 2.

Se trouve assez communément sur les plantes aquatiques des eaux tranquilles. (La Hotoie, Cagny, Longueau).

Nota. — La coquille n'est blanche que dans les alluvions, après la mort de l'animal ; le nom de *Pl. albus* ne vaut donc rien ; celui de *hispidus* serait meilleur.

§ II. — Planorbes a coquille carénée.

3° **Planorbis nitidus Müller.**

(Planorbe brillant. — Planorbis clausulatus Ferussac).

Animal très petit, presque noir ; tentacules filiformes, très grêles, longs de 2 millimètres, d'un brun jaunâtre.

Coquille convexe en dessus, largement ombiliquée en dessous, glabre, fragile, brillante, d'un corné fauve plus ou moins rougeâtre ; spire composée de 3 ou 4 tours, le dernier formant à lui seul presque toute la coquille ; carène inférieure, obtuse ; ouverture transversalement cordiforme ; péristome mince, à bord supérieur assez avancé.

Le dernier tour de la coquille présente *des lamelles intérieures* qui semblent former des chambres incomplètes.

Diamètre, 4 à 6 millimètres ; hauteur, 1 à 1 1/2.

Entre la Hotoie et Montières, sous les herbes aquatiques des fossés. Ne parait pas commun.

4° **Planorbis complanatus Linné**.

(Planorbe marginé).

Animal d'un rouge violet foncé, long de 8 millimètres, large de 2 ; tentacules longs de 6 millimètres, grêles, filiformes.

Coquille mince, glabre, d'un corné jaunâtre, légèrement concave en dessus, presque plane en dessous, striée finement. Spire de 5 à 6 tours croissant progressivement. *Carène inférieure*, subaiguë, avec un petit cordon, non dentée. Péristome tranchant, sans bourrelet, à bord supérieur assez avancé. Diamètre, 12 à 15 millimètres ; hauteur, 2 à 3.

Très abondant dans l'Avre et les fossés qui communiquent avec cette rivière.

La Variété *Submarginatus*, à carène *moins inférieure*, fait la transition entre cette espèce et la suivante.

5° **Planorbis carinatus Müller**.

(Planorbe caréné. — Le planorbe à bords aigus).

L'animal et la coquille de cette espèce ressemblent beaucoup à ceux de l'espèce précédente, excepté que la carène est *médiane* au lieu d'être *inférieure*. Mais il existe des individus intermédiaires dont la carène n'est ni médiane ni inférieure. Aussi Draparnaud avait-il réuni les deux espèces.

6° **Planorbis vortex Linné**.

(Planorbe tourbillon. — Le Planorbe comprimé).

Animal très petit, long de 2 millimètres, large de 1,

d'un brun rougeâtre plus clair en dessous. Tentacules d'un brun jaunâtre, longs de 2 millimètres.

Coquille très déprimée ; diamètre, 6 à 9 millimètres ; hauteur, 3/4 à 1, légèrement concave en dessus, plate en dessous, striée, mince, glabre, transparente, d'un corné pâle. Spire de 5 à 7 tours croissant faiblement. Carène à peu près médiane, très aiguë. Péristome mince, sans bourrelet, à bord supérieur peu avancé.

Très commun à la Hotoie, dans l'Avre et les fossés voisins, à Cagny, Longueau, Boves, etc.

7° **Planorbis contortus Linné, Müller.**

(Le petit planorbe à six spirales rondes, le Planorbe serré).

Animal long de 2 à 3 millimètres, large de 1 ; dilaté antérieurement, noir en dessus, brun ou rougeâtre en dessous. Tentacules longs de 2 millimètres, grêles, brusquement dilatés à la base, d'un brun sale.

Coquille aplatie en dessus et un peu concave vers le centre, largement ombiliquée en dessous, mince, un peu luisante, d'un corné brunâtre. Spire ordinairement formée de 6 tours serrés, étroits, le dernier convexe en dessous, non dilaté vers l'ouverture ; sutures assez marquées. Carène à peu près nulle. Ouverture petite, considérablement échancrée par l'avant-dernier tour. Péristome mince, tranchant, sans bourrelet, à bord supérieur peu avancé.

Très commun à la Hotoie, dans l'Avre et les fossés voisins. (Cagny, Longeau, etc.).

GENRE PHYSE.

Animal pouvant être contenu tout entier dans sa coquille ; 2 tentacules sétacés ; manteau souvent digité sur les bords, et alors se repliant sur la coquille pour la polir.

Coquille sénestre, à spire plus ou moins élevée, non discoïde ; ouverture étroite ; péristome mince et tranchant.

1° Physa fontinalis Linné, Draparnaud.

(Physe fontinale).

Animal long de 7 à 8 millimètres, grisâtre, plus foncé sur la tête ; manteau offrant 9 digitations repliées sur la coquille ; tentacules grisâtres, longs de 2 millimètres.

Coquille ovoïde, ventrue, mince, très fragile, brillante, transparente, couleur de corne claire ; spire de 3 à 4 tours, le dernier formant les 3/4 de la hauteur totale ; sutures peu profondes ; ouverture oblique, étroite ; péristome mince, sans bourrelet. Hauteur, de 8 à 12 millimètres ; largeur, de 5 à 9.

Commune dans l'Avre et les fossés voisins, sur les plantes aquatiques.

2° Physa acuta Draparnaud.

(Physe aiguë).

Animal d'un brun foncé, long de 10 millimètres, large de 5 ; manteau à 7 digitations placées sur la columelle ; tentacules grêles, longs de 7 à 8 millimètres, jaunâtres, présentant à la base un filet noirâtre intérieur, visible par transparence.

Coquille allongée-ovoïde, ventrue, mince, fragile, luisante, couleur de corne claire, haute de 8 à 15 millimètres, large de 7 à 9 ; spire composée de 4 à 5 tours, le dernier formant les 2/3 de la hauteur totale ; ouverture oblique, étroite ; péristome mince, avec un rudiment de bourrelet intérieur.

Dans les mêmes lieux que la précédente, mais moins commune.

GENRE LIMNÉE.

Animal pouvant être contenu tout entier dans sa coquille ; deux tentacules courts, subtriangulaires, aplatis.

Coquille dextre, oblongue ou subglobuleuse, à spire ordinairement saillante, mince ; péristome mince, presque toujours sans bourrelet.

1° **Limnæa glutinosa Müller, Draparnaud.**
(Limnée glutineuse).

Animal énorme, court, glutineux, d'un gris verdâtre velouté avec des points d'un jaune doré assez apparents ; tentacules très courts, d'une largeur démesurée, d'un jaune verdâtre veiné de gris, pointillé de blanc ; manteau se réfléchissant sur la coquille, la recouvrant tout entière dans les jeunes individus, laissant libre dans les adultes un petit espace ovalaire sur le dernier tour de la spire.

Coquille ovoïde-globuleuse, très mince et très fragile, sensiblement striée, transparente, d'un corné pâle. Spire composée de 3 à 4 tours, le dernier formant à lui seul presque toute la coquille ; ouverture très grande ; péristome mince. Hauteur, 10 à 15 millimètres ; largeur 8 à 12.

Très commune dans l'Avre et les fossés voisins. (Longueau, Cagny, Boves).

2° **Limnæa auricularia Linné.**

(Limnée auriculaire. — Le Buccin ventrue ; le Radis ;
la Tonne fluviatile).

Animal d'un brun verdâtre, long de 2 centimètres,
large de 10 à 12 millimètres ; tentacules longs d'environ
10 millimètres, et larges de 8 à la base. A travers la
coquille on voit le manteau jaune, marbré de taches
irrégulières.

Coquille globuleuse, très ventrue, striée, mince, luisante, peu transparente, d'un corné pâle. Spire formée
de 3 à 4 tours, le dernier énorme, formant presque toute
la coquille ; ouverture très grande ; péristome à bord
extérieur détaché de la coquille et plus ou moins arqué.
Hauteur, 20 à 30 millimètres ; largeur, 15 à 20.

Dans l'Avre et les fossés voisins, dans la Somme.
Commune.

3° **Limnæa limosa Linné.**

(Limnée ovale. — Limnæa ovata Lamarck).

Animal court, grisâtre ; tentacules presque triangulaires, grisâtres, bordés de jaune blanchâtre surtout en
avant.

Coquille assez allongée, ovoïde, assez ventrue, peu sensiblement striée, mince, fragile, d'un corné clair ; spire
composée de 4 tours, le dernier très grand, formant
presque toute la coquille ; ouverture grande ; péristome à
bord extérieur peu détaché de la coquille, arqué. Hauteur,
25 millimètres ; largeur 15 à 20.

Vit avec la précédente ; très commune. La variété
fontinalis vit dans les eaux courantes (l'Avre, la Somme).
Spire plus haute que le type ; coquille petite, pâle, transparente.

3

4° Limnæa stagnalis Linné.

(Limnée des étangs. — Le grand Buccin ; le Buccin d'eau douce).

Animal d'un gris verdâtre, long de 20 millimètres, large de 10 ; tentacules transparents, d'un gris verdâtre, triangulaires, longs de 7 millimètres.

Coquille ovoïde-oblongue, [assez ventrue, striée, mince, cornée ou fauve, souvent salie par une incrustation limoneuse ; spire allongée, composée de 5 à 8 tours, le dernier formant les deux tiers de la coquille ; ouverture grande ; péristome mince à bord extérieur assez détaché, sinueusement arqué. Hauteur, 4 à 6 centimètres ; largeur 2 à 3.

Dans tous les fossés aux environs d'Amiens.

5° Limnæa truncatula Müller.

(Limnée petite. — Limnæa minuta Drap. — Le petit Buccin).

Animal d'un brun noirâtre, long de 4 millimètres, large de 2 ; tentacules triangulaires, longs de 1 millimètre.

Coquille ovoïde-oblongue, un peu ventrue, finement striée, luisante, d'un corné grisâtre ; spire de 5 à 6 tours, le dernier grand, renflé, formant les deux tiers de la coquille ; ouverture médiocre ; péristome mince, à bord extérieur arqué, non détaché.

Cette espèce aime à se tenir hors de l'eau.

Entre Saint-Acheul et Cagny, sur le bord des eaux.

6° Limnæa palustris Müller.

(Limnée des marais).

Animal d'un gris presque noir, long de 6 à 10 millimètres, large de 6 ; tentacules triangulaires-tubulés, longs de 2 à 3 millimètres.

Coquille ovoïde-allongée, striée, avec de petites dépressions disposées irréguliérement en spirale ; opaque, solide, luisante, brune. Spire de 6 à 7 tours, le dernier grand, formant presque les deux tiers de la coquille ; ouverture ovale, un peu étroite ; péristome à bord extérieur arqué, non détaché. Hauteur, 20 à 25 millimètres ; diamètre 8 à 12.

Dans les eaux dormantes (Longueau, Cagny, Boves, etc.).

7° Limnæa peregra Müller.

(Limnée voyageuse).

Animal d'un gris clair, marqué de points jaunâtres visibles à travers la coquille ; long de 8 à 10 millimètres, large de 4 à 5 ; tentacules clairs, largement triangulaires, longs de 3 millimètres.

Coquille ovale-oblongue ; haute de 15 à 20 millimètres, large de 5 à 10 ; très légèrement striée, brune, transparente, légère. Spire de 4 à 5 tours, le dernier très grand ; sommet très pointu ; ouverture ovale ; ombilic presque entièrement recouvert ; péristome peu évasé, mince, à bord columellaire tordu.

Boves, dans les fossés communiquant avec l'Avre, en aval du Pont des Vaches. (Nous donnons cette espèce avec doute, parce que les échantillons trouvés par nous ne nous semblent pas présenter exactement les caractères du type).

GENRE ANCYLE.

Animal relevé en cône, aplati en dessous, pouvant être contenu tout juste dans sa coquille, sans tortillon spiral ; 2 tentacules.

Coquille conique, non spirale, mince, à sommet pointu légèrement recourbé en arrière, inclinant un peu à droite

ou à gauche. Ouverture arrondie, ovalaire ou elliptique.
Péristome tranchant, sans bourrelet.

1° Ancylus fluviatilis Müller.

(Ancyle fluviatile. — La patelle fluviatile).

Animal d'un gris ardoisé, recouvert presque entièrement
par sa coquille que les tentacules dépassent à peine.

Coquille conique en forme de bonnet phrygien, striée,
mince, fragile, d'un blanc sale ou d'un gris noirâtre, à
sommet dirigé en arrière et un peu à droite ; ouverture
arrondie-ovale, subelliptique ; péristome continu, mince.
Intérieur de la coquille luisant, un peu nacré ou violacé.
Hauteur, 4 à 6 millimètres ; grand diamètre, 5 à 10 ;
petit diamètre 4 à 8. Aime les eaux courantes.

Se rencontre dans l'Avre, sur les pierres qui forment le
lit de la rivière (Entre Saint-Acheul et Longueau).

2° Ancylus lacustris Linné, Müller.

(Ancyle lacustre).

Animal d'un jaune verdâtre ; tentacules très petits.

Coquille en forme de nacelle renversée, lisse, mince,
comme membraneuse, fragile, blanchâtre ou grisâtre.
Sommet presque médian, dirigé en arrière et *incliné à
gauche*. Ouverture elliptique-allongée ; péristome mince,
tranchant ; intérieur luisant, blanchâtre. Hauteur, 2 à
3 millimètres ; grand diamètre 6 à 8 ; petit diamètre 2 à 3.

Vit dans les eaux tranquilles, sur les plantes aquatiques.
Cagny, Longueau, Boves. Assez commun.

N.-B. — Les animaux des quatre genres que nous
venons de passer en revue, viennent de temps en temps

respirer à la surface de l'eau. Pour cela, ils émergent l'orifice de leur cavité respiratoire, remplissent celle-ci d'air, et la ferment dès que leur provision est renouvelée.

SECTION II. — Gastéropodes operculés,

BRANCHIFÈRES. (Péristomiens, Valvatidées, Néritacées).

Les Mollusques de cette section ont la respiration aquatique, au moyen de rides, filaments ou lames. Ils sont groupés dans les 4 genres suivants :

Bythinie, Paludine, Valvée, Néritine.

GENRE BYTHINIE, (Famille des Péristomiens).

(Etymologie : Budós, fond des eaux, Búdios, submergé. Et non pas *Bithynia*, province d'Asie).

Animal pouvant être contenu tout entier dans sa coquille ; 2 tentacules sétacés, pointus, offrant les yeux sessiles à leur base postéro-externe.

Coquille dextre, ovoïde-ventrue, à spire saillante ; ouverture ovale, sans lames ni dents, fermée par un opercule.

Bythinia tentaculata Linné.

(Bythinie impure. — Paludina impura, Brard. — La petite operculée aquatique.)

Animal noirâtre, avec des points jaunes irréguliers très apparents ; long de 10 millimètres, large de 5 ou 6 tentacules noirâtres, couverts de petits points jaunes serrés, filiformes, longs de 6 millimètres.

Coquille ovoïde-allongée, haute de 8 à 12 millimètres, large de 5 à 7, glabre, solide, d'un jaune plus ou moins ambré ; spire composée de 5 à 7 tours, le dernier très grand ; ouverture obliquement ovale ; péristome continu, sans bourrelet ; opercule assez mince, placé à l'entrée de la coquille.

Très commune aux environs d'Amiens dans les fossés, les ruisseaux, etc. (Cagny, Longueau, Boves).

GENRE PALUDINE, (FAMILLE DES PÉRISTOMIENS).

Animal contenu tout entier dans sa coquille ; 2 tentacules cylindracés, obtus, offrant les yeux sur un pédicule très court, vers leur tiers inférieur externe.

Coquille dextre, ventrue, à spire saillante ; ouverture ovale, sans lames ni dents ; péristome mince, tranchant ; opercule ovalaire, très mince, corné.

Les paludines sont ovovivipares. Rien n'est plus commun que de rencontrer en même temps dans le corps de la mère des œufs, et des petits déjà éclos, ayant 4 à 5 millimètres de diamètre et plusieurs tours de spire à la coquille. Nous avons même assisté à la naissance de plusieurs individus qui, sortant tout formés du corps de leur mère, allèrent immédiatement se fixer sur les plantes de l'aquarium.

1° Paludina vivipara Linné.

(Paludine fasciée. — Paludina achatina, Studer. — Paludina fasciata, Deshayes. — Vigneau rayé).

Animal long de 3 centimètres, large de 2, d'un gris

noirâtre ponctué de jaune. Tentacules longs de 8 millimètres, noirâtres et couverts de taches jaunes ; yeux
situés sur un mamelon globuleux appliqué à la partie
postérieure des tentacules, vers le tiers de leur longueur.

Coquille ovoïde, un peu ventrue, d'un vert pâle avec
3 bandes brunes très distinctes ; spire de 4 à 5 tours, le
dernier formant à peu près la moitié de la hauteur ;
sutures médiocres ; ouverture ovale-arrondie, anguleuse
supérieurement ; péristome mince, *à bord extérieur non
détaché* ; opercule légèrement concave, flexible, luisant,
transparent, d'un fauve rougeâtre, ayant le centre rapproché du bord columellaire, orné de stries concentriques,
fines, distinctes. Hauteur, 25 à 35 millimètres ; largeur,
17 à 25.

Dans l'Avre et les fossés voisins. (Saint-Acheul, Camon,
Longueau, Boves, etc.) Très commune.

2° Paludina contecta Moquin-Tandon.

(Paludine commune. — Vivipara communis Drap.).

Animal semblable au précédent.

Coquille globuleuse-conoïde, très ventrue, finement
striée, mince, luisante, d'un brun olivâtre unicolore, avec
trois bandes brunâtres peu distinctes. Spire composé de
6 à 7 tours, le dernier beaucoup plus renflé que dans
l'espèce précédente ; *sutures très profondes* ; ouverture
ovale-arrondie, moins anguleuse supérieurement que dans
la P. Vivipara ; péristome mince *à bord extérieur détaché* ;
opercule mince, flexible, moins concave que dans l'espèce
précédente, d'un fauve rougeâtre; centre un peu rapproché
du bord columellaire ; stries concentriques, fines, inégales. Hauteur, 30 à 40 millimètres ; largeur, 15 à 30.

Se rencontre avec la précédente, et n'est pas moins commune.

N.-B. — Ces deux espèces sont ordinairement salies par une incrustation limoneuse.

GENRE VALVÉE. (Famille des Valvatidés).

Animal contenu tout entier dans sa coquille ; 2 tentacules sétacés longs, offrant les yeux à leur base interne.

Coquille spirale ou déprimée ; opercule mince, corné.

1° Valvata piscinalis Müller.

(Valvée piscinale. — Le porte-plumet).

Animal long de 7 millimètres, large de 3 ; d'un gris jaunâtre clair ; tentacules longs de 3 millimètres, d'un gris presque blanc.

Coquille déprimée, globuleuse, finement striée, mince, plus ou moins pâle. Spire de 4 à 5 tours, le dernier très grand. Ouverture subovale-circulaire ; péristome droit, mince ; opercule circulaire, mince, transparent sur les bords. Hauteur, 5 à 8 millimètres ; largeur, 5 à 7.

L'Avre et les fossés voisins. (Cagny , Longueau , Boves, etc.).

2° Valvata cristata Müller.

(Valvée planorbe. — Valvata planorbis Drap.).

Animal petit, noirâtre ; tentacules grêles, filiformes, longs de 2 millimètres.

Coquille tout à fait déprimée, planorbique, striée, fragile, luisante, d'un corné roussâtre plus ou moins pâle ; spire de 3 à 4 tours, le dernier sensiblement dilaté ;

ouverture circulaire ; opercule enfoncé, couleur de corne roussâtre.

Vit dans les eaux stagnantes, sur les débris végétaux immergés.

Fossés entre Saint-Acheul et Longueau ; entre la Hotoie et Montières. Pas très commune.

GENRE NÉRITINE, (Famille des Néritacés).

Animal contenu tout entier dans sa coquille ; tentacules sétacés, allongés, pointus, offrant les yeux pédiculés à leur base externe.

Coquille dextre, demi-globuleuse, aplatie en dessous, à spire peu saillante, rejetée sur la droite, à dernier tour beaucoup plus grand que les autres réunis ; ouverture demi-ronde, sans lames ni dents ; péristome mince ; opercule demi-orbiculaire, muni d'une apophyse latérale.

Neritina fluviatilis Linné.

(Néritine fluviatile. — La Nérite des rivières).

Animal d'un gris jaunâtre, long de 7 millimètres, large de 5 ; tentacules longs de 2 millimètres, grêles, sétacés.

Coquille demi-globuleuse, opaque, solide, jaune verdâtre avec des flammes, des taches, des linéoles d'un vert sombre où d'un brun rougeâtre. Spire de 3 à 4 tours, le dernier énorme ; ouverture semi-lunaire ; opercule jaunâtre.

Très commun dans l'Avre, entre Saint-Acheul et Longueau.

Outre le type, nous avons trouvé les variétés suivantes :

Scripta, lignes épaisses formant des zigzags longitudinaux.

Virescens, taches brunes ou rousses alternant avec des taches verdâtres.

Unicolor, noirâtre, sans taches.

Lineolata, lignes étroites, longitudinales, parallèles.

SECTION III. — Acéphalés ou Bivalves, Lamellibranches.

Les mollusques de cette section n'ont ni tête, ni tentacules, ni yeux. Le corps est comprimé, entouré d'un manteau bilobé, et renfermé dans une coquille bivalve. Le pied est représenté par une expansion charnue, propre à la reptation.

L'*organe respiratoire* offre quatre feuillets lamelliformes, demi-circulaires, disposés par paires de chaque côté du corps.

L'*orifice respiratoire* est représenté en arrière ou par une fente verticale produite par les bords rapprochés du manteau, ou par un trou à l'extrémité d'un siphon.

Les Bivalves lamellibranches nous offrent 3 familles :

1° *Les Nayades*, comprenant les genres Anodonte et Mulette.

2° *Les Cardiacés*, comprenant les genres Cyclade et Pisidie.

3° *Les Dreissénadés*, comprenant le genre Dreissène.

1re FAMILLE : NAYADES.

Corps comprimé ; manteau ouvert ; pied grand, sécuriforme ; orifice respiratoire en fente verticale, formé par les bords postérieurs et papillifères du manteau.

Coquille inéquilatérale ; ligament externe, allongé, linéaire ; charnière avec ou sans dents ; 5 impressions musculaires, 2 grandes et 3 petites. Pas de byssus.

GENRE ANODONTE.

Coquille ovalaire, allongée ou arrondie, généralement mince ; charnière sans dents.

N.-B. — Dans les coquilles bivalves, on appelle *côté antérieur* celui par où sort le pied, car c'est de ce côté là que le mollusque s'avance ; le côté opposé est le côté postérieur ; le *côté droit* et le *côté gauche* se prennent naturellement par rapport au côté antérieur. Le *bord supérieur* est celui où se trouve la charnière ; le *bord inférieur* lui est opposé.

1° Anodonta cycnea Linné.

(Anodonte des Cygnes. — Grande moule des Etangs).

Animal jaunâtre ; pied d'un jaune sale un peu orangé ; papilles postérieures du manteau plus ou moins foncées.

Coquille très grande, largement ovale, ventrue, à sillons transverses inégaux, mince, fragile, luisante, d'un jaune olivâtre avec quelques rayons d'un vert foncé et des bandes transversales brunes ; côté antérieur arrondi, deux ou trois fois plus court que le côté postérieur ; celui-ci formant un rostre assez long ; bord inférieur régulièrement arqué ; bord supérieur presque horizontal, non anguleux à sa jonction avec le bord antérieur ; nacre brillante, blanche.

Nous en avons trouvé dans le faux bras de l'Avre plusieurs échantillons ; la moyenne de leurs dimensions est : longueur, 10 centimètres ; hauteur, 6 ; épaisseur, 3.

Il doit y avoir de bien plus beaux échantillons dans les trous à tourbe, car ce mollusque aime les eaux dormantes et profondes.

2° Anodonta anatina Linné.

(Anodonte anatine).

Animal d'un gris foncé ; pied d'un gris jaune ou roussâtre ; papilles postérieures du manteau très foncées.

Coquille elliptique-ovale, petite ; longueur, 5 à 7 centimètres ; hauteur, 3 à 4 ; épaisseur, 2 à 3 ; peu ventrue, comprimée postérieusement, à sillons transverses assez marqués, inégaux ; mince, fragile, opaque, olivâtre plus ou moins brun avec des bandes plus foncées ; côté postérieur trois fois plus avancé que l'antérieur, formant un rostre cunéiforme, tronqué à l'extrémité ; bord inférieur peu arqué ; bord supérieur anguleux à la terminaison du ligament et descendant brusquement en arrière ; ligament épais, saillant, brunâtre ; nacre d'un blanc azuré, brillante.

Dans le faux bras de l'Avre, entre cette rivière et Saint-Acheul.

3° Anodonta variabilis Draparnaud.

(Anodonte piscinale. — Anodonta piscinalis Nilsson).

Animal d'un gris jaunâtre ; pied jaunâtre ou roussâtre ; papilles postérieures du manteau brunes.

Coquille légèrement rhomboïdale, ventrue, mince, fragile, brune, avec des bandes transversales plus foncées ; côté postérieur deux ou trois fois plus avancé que l'antérieur dans le type, 4 ou 5 fois dans la variété *rostrata* ; bord inférieur presque droit, bord supérieur très anguleux à la terminaison du ligament, et descendant très obliquement en arrière ; ligament peu saillant, noirâtre ; nacre brillante, blanche, un peu azurée.

Nous avons trouvé dans le faux bras de l'Avre la variété *rostrata* : longueur 10 à 11 centimètres ; hauteur, 4 ; épaisseur, 3. Assez commune.

GENRE MULETTE.

Coquille allongée, ovalaire, plus épaisse que celle des Anodontes ; charnière dentée.

Unio pictorum Linné, Philippson, Retzius.

(Mulette des peintres. — La moule des rivières).

Animal d'un roux clair ; pied grand, roussâtre ; manteau bordé de brunâtre, papilles postérieures allongées, d'un brun très foncé.

Coquille elliptique-allongée, cunéiforme, assez épaisse, solide, d'un vert jaunâtre avec des zônes transversales brunes ; côté antérieur court et arrondi, côté postérieur formant un rostre allongé ; bords presque parallèles ; sommets légèrement enflés, ridés, souvent usés ; ligament fort, presque droit ; dents cardinales fortes, épaisses, subtriangulaires ; nacre blanche, à peine azurée ou un peu rosée. Hauteur, 25 à 45 millimètres ; longueur, 60 à 100.

Dans le faux bras de l'Avre, entre cette rivière et Saint-Acheul. Pas rare.

2ᵉ Famille : CARDIACÉS.

Animal comprimé ou renflé. Manteau fermé, n'offrant que trois ouvertures, une inférieure pour le pied, une postérieure pour la respiration, une dorso-postérieure pour l'anus. Pied de taille et de forme variable. Orifice respiratoire à l'extrémité d'un siphon extensible, contractile, lisse.

Coquille inéquilatérale, non baillante. Ligament postérieur, interne ou externe. Charnière avec des dents. Impressions musculaires peu distinctes. Pas de byssus.

GENRE PISIDIUM.

Coquille très inéquilatérale. Pas de siphon anal.

1° **Pisidium amnicum Jenyns**.

(Pisidie fluviale. — Cyclas palustris, Drap. —
Tellina amnica Müller).

Animal blanchâtre ; pied peu allongé, assez large à la base ; siphon respiratoire court, obliquement tronqué à l'extrémité, à peine recourbé.

Coquille subtrigone, très inéquilatérale, à rides transversales assez grosses, solide, épaisse, d'un gris roussâtre ; côté antérieur très arrondi ; côté postérieur beaucoup moins avancé et un peu plus haut que l'antérieur ; charnière épaisse ; nacre d'un blanc un peu azuré. Longueur, 7 à 10 millimètres ; hauteur, 6 à 8, épaisseur, 4 à 6. L'Avre.

2° **Pisidium obstusale Pfeiffer**.

(Pisidie obtuse. — Cyclas fontinalis, Dupuis).

Animal gris ; pied dépassant la longueur de la coquille ; siphon respiratoire court, tronqué, à bords entiers.

Coquille subtrigone-globuleuse, inéquilatérale, à stries fines, luisante, mince, d'un corné jaunâtre, longue de 2 à

4 millimètres, haute de 2 à 4, épaisse de 1 à 3 ; côté antérieur arrondi ; côté postérieur plus court, convexe ; charnière mince ; sommets très élevés ; ligament non visible à l'extérieur ; nacre blanchâtre.

Dans l'Avre ; moins commune que la précédente.

GENRE CYCLADE.

Coquille peu inéquilatérale. Siphon anal développé ; siphon respiratoire court.

1° Cyclas rivicola Lamark.

(Cyclade rivicole. — Cyclas cornea, Draparnaud).

Animal brunâtre ; pied d'un blanc grisâtre, comprimé ; siphons blanchâtres, presque égaux en longueur.

Coquille à peu près équilatérale, assez ventrue, striée, solide, opaque, couleur de corne roussâtre avec une bande inférieure d'un jaune clair ; ligament saillant, court, visible à l'extérieur ; charnière peu épaisse ; nacre branche, à peine azurée. Hauteur, 15 à 20 millimètres ; largeur, 20 à 25 ; épaisseur, 8 à 12.

Assez commune dans le faux bras de l'Avre. (C'est la plus grande Cyclade de nos régions).

2° Cyclas cornea Linné.

(Cyclade cornée. — La Came des ruisseaux).

Animal gris ; pied pointu, un peu laiteux, légèrement rosé vers l'extrémité ; siphons allongés, légèrement couleur de chair.

Coquille subelliptique, courte, à peu près équilatérale, renflée, finement striée, d'un gris olivâtre avec une bande

inférieure d'un jaune clair ; ligament non visible à l'extérieur ; charnière médiocre ; nacre d'un blanc bleuâtre.

Variété : *Nucleus* (*Cyclas nucleus* Studer), très globuleuse, de couleur sombre. Dans les fossés, entre Saint-
Acheul et Longueau ; hauteur, 6 à 7 millimètres ; largeur,
8 à 9 ; épaisseur, 6 à 7.

Variété : *Rivalis* (*Cyclas rivalis, partim,* Drap.). Coquille
plus grande que la précédente, moins globuleuse, d'un
corné olivâtre avec une bande inférieure d'un jaune clair.
Dans l'Avre et les fossés voisins, assez commune. Hauteur,
12 à 15 millimètres ; largeur, 15 environ ; épaisseur, 7 à 8.

3° Cyclas lacustris Müller.

(Cyclade lacustre. — Cyclas caliculata Drap.).

Animal blanchâtre ou légérement rose ; pied égalant
jusqu'à 2 fois la longueur de la coquille ; siphons allongés.

Coquille un peu inéquilatérale, comprimée, finement
striée, très mince, très fragile, cendrée-roussâtre, tantôt
uniforme, tantôt avec quelques bandes d'un jaune clair ;
nacre légèrement blanchâtre.

Les sommets sont souvent petits, obtus ; quelquefois
ils sont mamelonés, terminés par un tubercule ou *calicule*
obtus et très luisant ; c'est alors la *Cyclas caliculata* de
Draparnaud.

Dans l'Avre et les fossés voisins. (Longueau, Camon,
Boves, etc.).

3ᵉ FAMILLE : DREISSÉNADÉS.

Animal déprimé ; manteau fermé, offrant 3 ouvertures:
une inférieure pour le pied et le byssus, une postérieure
pour la respiration, une dorso-postérieure pour l'anus ;

pied grêle, vermiforme, avec *un byssus noirâtre* ; **un siphon anal** ; un siphon respiratoire, extensible et contractile, avec des papilles spinuliformes.

Coquille très inéquilatérale, baillante vers le milieu de la base inférieure ; ligament antérieur, interne ; quatre impressions musculaires très inégales.

GENRE DREISSENA.

Dreissena polimorpha Van Beneden.

(Dreissène polymorphe).

Animal à corps déprimé, presque rhomboïdal, noirâtre ; siphon respiratoire conique, tronqué à son extrémité.

Coquille mytiliforme, allongée, subtétragone, ventrue, mince, solide, olivâtre ou rousse avec des bandes en zigzags brunes vers le haut ; côté antérieur aigu ; côté postérieur arrondi ; bord inférieur presque droit, bord supérieur très arqué ; ligament linéaire, oblong, peu visible à l'extérieur ; nacre brillante, blanchâtre. Hauteur, 15 à 20 millimètres ; longueur, 30 à 50 ; épaisseur, 15 à 30.

Dans l'Avre à Boves ; dans les marais voisins ; dans le faux bras de l'Avre entre l'Avre et Saint-Acheul. Commune.

Il ne sera pas inutile de comparer notre travail avec celui publié en 1840 par Picard. Cet auteur, donne 85 espèces comme appartenant au Département de la Somme. Ces 85 espèces se réduisent à 83, car 1° les *Cyclas rivalis* et *Cyclas nucleus* ne sont que deux variétés de la Cyclade cornée ; 2° la *Paludine anatine* est un mollusque marin.

4

Cette réduction faite, voici les espèces citées par Picard et que nous n'avons pas rencontrées :

> *Arion subfuscus* Férussac.
> *Limax variegatus* Draparnaud.
> *Succinea oblonga* Studer (Molliens-Vidame).
> *Helix arbustorum* L. (Mautort).
> *Helix rufescens* Pennant (Montreuil-sur-Mer, dunes de Merlimont).
> *Helix variabilis* Draparnaud (Mers).
> *Helix lapicida* L. (Mautort, Abbeville).
> *Zonites fulva* Müller.
> *Zonites crystallina* Müller.
> *Bulimus acutus* Brug. (C'est l'*Helix acuta* Müller. — Saint-Quentin-en-Tourmont).
> *Clausilia plicata* Drap. (Abbeville).
> *Clausilia plicatula* Drap. (Querrieux).
> *Pupa umbilicata* Drap.
> *Pupa avena* Drap. (Abbeville).
> *Pupa cinerea* Drap. (Abbeville).
> *Carychium myosotis* Drap. (Les bords de la mer).
> *Physa hypnorum* L. (Menchecourt).
> *Anodonta ponderosa* Pfeiffer (Rivery, Longpré-les-corps-Saints).
> *Unio margaritifera* L. (Abbeville).
> *Unio batava* Lamark (dans la Canche).

En tout 20 espèces. D'autre part nous avons rencontré 14 espèces qui ne sont pas citées dans Picard :

> *Arion fuscus.*
> *Limax arborum.*
> *Zonites lucidus.*
> *Zonites nitens.*

Helix fruticum.
Helix obvoluta.
Bulimus tridens.
Clausilia rolphii.
Pupa secale.
Vertigo pygmæa.
Vertigo pusilla.
Physa acuta.
Paludina contecta.
Anodonta variabilis.

Et il est encore possible de rencontrer autour d'Amiens de nouvelles espèces qui porteront à 100 et au-delà le nombre des espèces du département.

Nous donnons, pour terminer ce travail, un tableau synoptique des Genres de Mollusques recueillis au Sud d'Amiens

GENRES DES MOLLUSQUES

RECUEILIS AU SUD D'AMIENS.

TERRESTRES (Tous Pulmonés).	Nus.	Limaciens :	Arion.	1.
			Limax.	2.
	A coquille inoperculée.	Colimacés :	Vitrina.	3.
			Succinea.	4.
			Zonites.	5.
			Helix.	6.
			Bulimus.	7.
			Clausilia.	8.
			Pupa.	9.
			Vertigo.	10.
		Auriculacés :	Carychium.	11.
	A coquille operculée.	Orbacés :	Cyclostomus.	12.
FLUVIATILES	Inoperculés. (Pulmobranches).	Limnéens :	Planorbis.	13.
			Physa.	14.
			Limnæa.	15.
			Ancylus.	16.
	Operculés. (Branchifères).	Péristomiens:	Bythinia.	17.
			Paludina	18.
		Valvatidés :	Valvata.	19.
		Néritacés :	Neritina.	20.
	Acéphalés ou Bivalves. (Lamellibranches).	Nayades :	Anodonta.	21.
			Unio.	22.
		Cardiacés :	Pisidium.	23.
			Cyclas.	24.
		Dreissénadés:	Dreissena.	25.

Amiens. — Typ. DELATTRE-LENOEL, Imp.-Lib. de l'Evêché.

www.ingramcontent.com/pod-product-compliance
Lightning Source LLC
Chambersburg PA
CBHW050536210326

41520CB00012B/2595